2020年
中国农业用水报告

全国农业技术推广服务中心
中国农业大学土地科学与技术学院 编著
农业农村部耕地保育（华北）重点实验室

中国农业出版社

北　京

编　委　会

前　言

　　水是生命之源、生产之要、生态之基，是农业生产必不可少的基本要素。我国水资源严重紧缺，总量仅占世界6%，人均不足世界平均水平的四分之一，降水时空分布不均，水土资源匹配程度偏低。随着气候变化加剧，干旱发生频率越来越高、范围越来越广、程度越来越重，干旱缺水已成为制约农业生产的瓶颈因素。大力发展旱作节水农业，转变水资源利用方式，提高水分利用效率，是保障国家粮食安全、发展现代农业、促进农业可持续发展和建设生态文明的重大课题。为做好节水农业相关工作，我们在收集整理全国水资源和农业用水相关资料的基础上，编写了《2020年中国农业用水报告》。

　　农业用水包括种植业、养殖业、水产业等，其中种植业是最重要的用水大户。本报告所称农业用水主要指种植业用水，涵盖粮食作物（水稻、玉米、小麦、其他谷物、大豆、其他豆类、薯类）、蔬菜、棉花和麻类、油料作物、糖料作物。报告中的"农田"专指播种上述作物的耕地。

报告按照全国和五大区域进行分析，华北区包括北京市、天津市、河北省、内蒙古自治区、山西省、山东省、河南省；东北区包括黑龙江省、吉林省、辽宁省；东南区包括上海市、江苏省、浙江省、安徽省、江西省、湖北省、湖南省、福建省、广东省、海南省；西南区包括重庆市、四川省、云南省、贵州省、广西壮族自治区和西藏自治区；西北区包括陕西省、甘肃省、宁夏回族自治区、青海省、新疆维吾尔自治区。受资料限制，报告未包括香港、澳门特别行政区和台湾省数据。报告所用数据的时间跨度是2020 年度。

为保持统计口径的一致性，本报告中的农作物播种面积和产量数据均来源于中国国家统计局网站。这一点与之前的报告有所不同，之前报告中的农作物播种面积和产量数据来源于《中国农业统计资料》。水资源和水利相关数据来源于《中国水资源公报》和《中国水利统计年鉴》。降水量和相关气象参数来源于中国国家气象局全国站点多年气象数据。农作物耗水量根据分布式水文模型 SWAT 模拟参数进行区域化赋值后计算得到。

本报告由全国农业技术推广服务中心、中国农业大学土地科学与技术学院和农业农村部耕地保育（华北）重点实验室共同完成。受数据资料和计算方法限制，本报告分析结论仅供参考。

编　者

2022 年 12 月

目　　录

一、广义农业可用水资源

（一）降水量和水资源量

1. 降水量

2020 年，全国平均年降水量 706.5 毫米，比多年平均值偏多 10.0%，比 2019 年增加 8.5%。从水资源分区看，10 个水资源一级区中有 7 个水资源一级区降水量比多年平均值偏多，其中松花江区、淮河区分别偏多 28.8% 和 26.5%；3 个水资源一级区降水量偏少，其中东南诸河区比多年平均值偏少 4.8%。与 2019 年比较，7 个水资源一级区降水量增加，其中淮河区、海河区、长江区分别增加 73.9%、23.0% 和 21.0%；3 个水资源一级区降水量减少，其中东南诸河区、西北诸河区分别减少 14.2%、12.9%。

降水量不仅是"蓝水"和"绿水"总的来源，也是评价广义农业可用水量最根本的水源。2020 年，全国平均降水量比 2019 年有所提高，担负我国粮食安全重任的 13 个粮食主产省份所涉及的松花江、辽河、海河、淮河、长江流域的降水不仅比上年增加，而且均比多年平均值增加，如海河流域降水量比多年平均值增加 3.3%，松花江比多年平均值增加 28.8%，这对我国农业生产是有利条件。

从行政分区看，全国有 24 个省（自治区、直辖市）降水量比多年平均值偏多。在 13 个粮食主产省份当中，和多年平均值相比，13 个主产省份年均降水量均高于多年平均值，除河北和四川比常年偏多幅度小于 10% 外，其他 11 个省份均比多年平均值偏多 10% 以上，特别是黑龙江比多年平均值偏多 35.6%，安徽比多年平均值偏多 42.0%。和上年降水量相比，仅黑龙江省比上年降水量偏少 0.7%，其余均比上年降水量偏多。

总体上，2020 年全国降水量比多年平均值偏多，13 个粮食主产省份均比多年平均值偏多，本年度农业生产的天然降水条件优越。

2. 地表和地下水资源量

天然降水降落到陆地生态系统，在不同下垫面（地形、土壤、地表覆被、土地利用等）影响下，分割成为"蓝水"资源（可再生地表水和地下水）和"绿水"资源（土壤有效储水量）。由于下垫面不同，相同或类似降水形成的水资源量在不同地区会存在差异，换言之，降水量增加并不意味着水资源量按比例地增加；反之，降水量的减少也不意味着水资源量按比例地减少。

2020 年，全国地表水资源量 30 407.0 亿米^3，折合年径流深 321.1 毫米，比多年平均值偏多 13.9%，比 2019 年增加 8.6%。从水资源分区看，松花江区、辽河区、黄河区、淮河区、长江区、西北诸河区地表水资源量比多年平均值偏多，其中淮河区、松花江区分别偏多 54.0% 和 51.1%；海河区、东南诸河区、珠江区、西南诸河区地表水资源量比多年平均值偏少，其中海河区、东南诸河区分别偏少 43.8% 和 16.2%。与 2019 年比较，除东南诸河区、珠江区、西北诸河区地表水资源量分别减少 32.7%、8.1% 和 10.1% 外，其他水资源一级区均有不同程度增加，其中淮河区和辽河区分别增加 217.7% 和 53.8%。

值得注意的是，作为粮食主产区的海河流域，地表水资源量比多年平均值偏少 43.8%。其他主产流域（松花江、辽河、淮河、长江）均比多年平均值偏多。

从行政分区看，在 13 个粮食主产省份中，江苏（82%）、安徽（82%）、黑龙江（80%）、湖北（75%）、吉林（48%）、山东（30%）、湖南（25%）、四川（22%）、辽宁（18%）、江西（8%）10 个省份地表水资源量比多年平均值偏多。河南（-5%）、内蒙古（-12%）、河北（-55%）比多年平均值偏少。

值得注意的是，河北已经连续 3 年比多年平均值偏少，且偏少幅度都较大，这对河北省正在进行的压采地下水行动会产生一定程度的负面影响。2020 年，全国地表水资源量总体上比多年平均值偏多，特别是 13 个粮食主产省份中绝大部分也比多年平均值偏多，这对地表灌溉取水是有利的。

2020 年，全国地下水资源量（矿化度≤2 克/升）8 553.5 亿米³，比多年平均值偏多 6.1%。其中，平原区地下水资源量 2 022.4 亿米³，山丘区地下水资源量 6 836.1 亿米³，平原区与山丘区之间的重复计算量 305.0 亿米³。

2020 年，全国平原浅层地下水总补给量 2 093.2 亿米³。南方 4 区（长江、珠江、东南诸河、西南诸河）平原浅层地下水计算面积占全国平原区面积的 9%，地下水总补给量 385.8 亿米³；北方 6 区（松花江、辽河、海河、黄河、淮河、西北诸河）计算面积占 91%，地下水总补给量 1 707.4 亿米³。其中，松花江区 401.6 亿米³，辽河区 129.1 亿米³，海河区 185.7 亿米³，黄河区 166.5 亿米³，淮河区 341.4 亿米³，西北诸河区 483.1 亿米³。

3. 水资源总量

2020 年，全国水资源总量 31 605.2 亿米³，比多年平均值偏多 14.0%，比 2019 年增加 8.8%。其中，地表水资源量 30 407.0 亿米³，地下水资源量 8 553.5 亿米³，地下水与地表水资源不重复量 1 198.2 亿米³。全国水资源总量占降水总量 47.2%，平均单位面积产水量为 33.4 万米³/千米²。

13 个粮食主产省份的水资源总量中，11 个省比多年平均值偏多，依次为：安徽（79.0%）、黑龙江（75.0%）、湖北（69.0%）、江苏（68.0%）、吉林（47.0%）、湖南（25.0%）、山东（25.0%）、四川（24.0%）、辽宁（15.0%）、江西（6.0%）、河南（2.0%）。其他 2 个省份比多年平均值偏少，依次为：内蒙古（−7.0%）、河北（−28.0%）。

总体上，2020 年 13 个粮食主产省份的水资源总量形势相对乐观，有 5 个主产省份的水资源总量连续 3 年比多年平均值偏多。河北省水资源总量连续第四年比多年平均值偏少。

（二）农业用水和灌溉

1. 农业及其他部门用水量和占比

2020 年，全国用水总量 5 812.9 亿米³，比 2019 年同比减少 208.3 亿米³，降幅 3.46%。其中，生活用水 863.1 亿米³，占用水总量的 14.8%，绝对量同比略有减少，占比同比略有增加。工业用水 1 030.4 亿米³，占用水总量的 17.7%，绝对量和占比略有减少。农业用水 3 612.4 亿米³，占用水总量的 62.1%，绝对量同比略有减少，占比同比略有提高。人工生态环境补水 307.0 亿米³，占用水总量的 5.3%，绝对量和占比同比有显著提高。随着国家节水行动的实施，工农业用水效率的提升，工业和农业用水绝对数量和占比呈下降趋势。但城乡居民生活和生态环境补水数量和占比呈增加趋势。从绝对值看，农业用水同比减少了 69.9 亿米³。

13 个粮食主产省份的农业用水量，吉林（1.84%）、黑龙江（1.53%）、河南（1.40%）、湖南（2.14%）4 个主产省同比增加。江苏（－12.0%）、湖北（－10.6%）、河北（－5.77%）、安徽（－3.79%）、山东（－3.04%）、辽宁（－1.36%）、四川（－1.34%）、内蒙古（－0.51%）、江西（－0.37%）9 个主产省份同比下降。

2. 农业用水量和农业用水占比

2020 年，全国农业用水占总用水量的 62.1%，同比提高 0.9 个百分点，是最大的用水部门。从行政分区看，农业用水占本省总用水量 75% 以上的有 5 个省份，分别是新疆

（87.0％）、黑龙江（88.6％）、宁夏（83.5％）、西藏（85.1％）和甘肃（76.2％）；北京（7.9％）和上海（15.6％）都低于 25％；重庆（41.4％）、天津（37.1％）、浙江（45.1％）、江苏（46.6％）都低于 50％。工业用水占本省总用水量 35％以上的有上海（59.4％）、江苏（41.4％）两省。生活用水占本省总用水量 20％以上的有北京（42.4％）、重庆（32.0％）、浙江（28.9％）、上海（24.2％）、天津（23.7％）和广东（26.6％）6 个省份。

全国分省农业用水占总用水量的百分比呈现明显的地区分异，表现为从东南到西北逐渐增加的空间分布模式。东南沿海经济发达地区的农业用水占比最低，西北内陆地区缺水省份的占比最高，其他省份则处于中段位置。这种用水格局的空间分布从一个角度表明了各省的经济结构和发达程度，以及城镇化程度。越是经济发达、工业化、城镇化程度较高的地区，不同部门间用水竞争越激烈，对农业用水的挤占效应越明显。

3. 灌溉面积和节水灌溉面积

2020 年，全国灌溉总面积 75 687.1 千公顷，比 2019 年增加 0.87％。其中，耕地灌溉面积 69 160.5 千公顷，占灌溉总面积的 91.4％，同比增加 0.70％。林地灌溉面积 2 671.9 千公顷，占灌溉总面积的 2.74％，同比提高 3.53％。果园灌溉面积 2 704.7 千公顷，占灌溉总面积 3.57％，同比提高 1.93％。牧草灌溉面积 1 150.1 千公顷，占灌溉总面积 1.52％，同比提高 4.40％。2020 年耕地实际灌溉面积 58 351.70 千公顷，占耕地灌溉面积的 84.4％，同比提高

0.76%。2020年，耕地灌溉面积占灌溉总面积的绝对多数，仍旧大于90%，紧随其后的是果园、林地和牧草。

13个粮食主产省份中，河北（92.0%）、河南（97.8%）、辽宁（91.9%）、吉林（98.5%）、黑龙江（99.6%）、江苏（93.9%）、安徽（97.3%）、江西（94.3%）、湖北（94.1%）、湖南（96.9%）、四川（92.0%）的耕地灌溉面积占总灌溉面积的比例都在90%以上。内蒙古（83.7%）、山东（89.7%）低于90%。其中内蒙古主要是因为牧草灌溉比例较高，山东则主要是果园灌溉比例较高。上述比例基本与2019年持平，为保证粮食生产，13个粮食主产省份的灌溉主要用于耕地灌溉。

2020年，全国节水灌溉面积达到37 795.99千公顷，比2019年同比增加1.99%，节水灌溉面积增加幅度同比有所减少。其中，喷灌面积4 613.3千公顷，同比增加1.40%。微灌面积7 202.6千公顷，同比增加2.20%。低压管灌面积11 374.6千公顷，同比增加3.00%。2020年，低压管灌面积增幅最大。2020年，节水灌溉面积占总灌溉面积的49.94%，同比增加0.55个百分点。

13个粮食主产省份中，内蒙古（76.7%）、河北（75.1%）、山东（60.5%）、辽宁（54.8%）、江苏（64.1%）、四川（56.3%）的节水灌溉占比都超过50%；吉林（42.7%）、河南（41.0%）、黑龙江（35.5%）、江西（31.5%）高于30%；安徽（23.2%）大于20%；湖北（18.1%）、湖南（14.3%）最低。总体上，粮食主产省份采用节水灌溉的比例都有不同程度的增加，北方主产省份采用节水灌溉比例远远高于南方主产省份。

从具体的节水灌溉方式看，在全国节水灌溉面积中，低压管灌面积占节水灌溉面积的 30.1%，微灌占 19.1%，喷灌占 12.2%。在节水灌溉占比较高的粮食主产省份中，内蒙古主要是微灌（38.1%）、喷灌（21.9%）。河北的低压管灌（77.84%）占绝对优势。山东（71.3%）和河南（60.3%）的低压管灌占绝对优势。辽宁主要是微灌（37.3%）和低压管灌（27.5%）。吉林主要是喷灌（48.3%）。

上述情况表明：缺水的北方粮食生产省份，节水灌溉比例较高，如内蒙古、河北，还有经济发达但总体上不缺水的省份，如江苏。在节水灌溉比例较高的省份中，除了最基本的渠道衬砌外，低压管灌、喷灌和微灌都是主导的节水灌溉模式。2020 年节水灌溉技术的分布与 2019 年相比未发生明显变化。

4. 农田实际灌溉量及其占农业用水比例

农田实际灌溉亩均用水量与农田实际灌溉面积相乘得到农田实际灌溉量。2020 年，全国农田实际灌溉量为 3 247.8 亿米^3，占本年度农业用水量的 89.9%，绝对量及占比同比均有所增加。在 13 个粮食主产省份中，湖南（95.9%）、黑龙江（97.0%）、安徽（90.3%）、江西（95.4%）、河北（89.6%）、内蒙古（74.3%）、湖北（85.4%）、辽宁（79.0%）、河南（87.8%）、江苏（89.1%）、山东（86.4%）、四川（85.7%）、吉林（92.0%）的农田灌溉量占农业用水的比例都较高。13 个粮食主产省份中，除了内蒙古和辽宁，都达到了 85% 以上。

2020 年，农业仍然是最大的用水部门，总用水量 3 612.5 亿米³，占全国总用水量的 62.1%，同比提高了 0.9 个百分点。农田灌溉量占农业用水总量的 89.9%，同比提高 3.1 个百分点，是农业中最大的用水部门。

(三) 广义农业水资源

根据"蓝水"和"绿水"的概念，广义农业水资源包括耕地灌溉水量（"蓝水"）和耕地接受的天然降水量（"绿水"）两个分量。耕地有效降水量受耕地面积、降水量、径流量和渗漏量年际变化的影响。耕地灌溉量受每年有效实际灌溉面积和亩均实际灌溉量年际变化的影响。为剔除上述因素的影响，需要对广义农业水资源量进行归一化处理，不仅要计算广义水资源量的绝对量，还要计算广义农业水资源量在耕地上所折合的水深。

1. 广义农业水资源总量

2020 年，全国广义农业水资源量 9 973.2 亿米³，同比增加 4.02%，比多年平均值多 0.58%。在广义农业水资源中，耕地降水量 6 725.4 亿米³，同比增加 5.26%；耕地灌溉量 3 247.8 亿米³，同比增加 1.56%。

2020 年广义农业水资源量的组成中，耕地降水占 67.4%，同比提高 0.8 个百分点；耕地灌溉占 32.6%，同比降低 0.8 个百分点。

需要说明的是：广义农业水资源量是一个集总式的概念，包括了旱作雨养耕地和灌溉耕地所接收的所有水量。由于每年耕地数量以及灌溉耕地数量的变动，加上降水量和灌溉量变化，需要对其分量进行细化，才能更真实地反映并比较旱作雨养耕地和灌溉耕地所接受水量的年际变化。因此，本报告进一步区分旱作雨养耕地所接受的降水量，与灌溉耕地所接受的降水和灌溉总量。

2020 年，全国旱作农田上接受的降水总量为 3 087.6 亿米^3，同比减少 1.55%。全国灌溉耕地上接受的降水和灌溉引水总量为 6 885.6 亿米^3，同比减少 6.73%。但农田接受的体积水量与当年的耕地面积相关，因此，按照当年的旱作耕地与灌溉耕地面积折合的水深计算，全国旱作耕地上接受的水深为 707 毫米，比上年增加 8.48%；全国灌溉耕地上接受的水深为 996 毫米，比上年增加 5.99%。

2020 年，全国旱作农田和灌溉农田接受的水量比上年均有提高，农业生产的基本水分条件优于 2019 年。

2. 耕地上广义农业水资源中"绿水"和"蓝水"比例

耕地有效降水和耕地灌溉占广义农业水资源的百分比可以反映全国耕地上"绿水"和"蓝水"的相对比例，是衡量一个地区对"绿水"和"蓝水"相对依赖程度的重要指标。2020 年，全国耕地降水占广义农业水资源量的 67.4%，比上年提高 0.8 个百分点；耕地灌溉占 32.6%，比上年减少 0.8 个百分点。

2020 年，13 个粮食主产省份中有 10 个省份耕地"绿水"的比例都超过了耕地"蓝水"的比例，为：河北（"绿水" 70.7%/"蓝水" 29.3%）、内蒙古（69.8%/30.2%）、河南

（76.9％/23.1％）、山东（74.2％/25.8％）、辽宁（71.5％/28.5％）、吉林（79.9％/20.1％）、黑龙江（63.9％/39.1％）、安徽（72.0％/28.0％）、湖北（68.0％/32.0％）、四川（52.6％/47.4％）。江苏（49.9％/50.1％）、江西（49.7％/50.3％）、湖南（47.7％/52.3％）3省耕地"蓝水"的比例超过了"绿水"的比例。

3. 灌溉耕地上广义农业水资源中"绿水"和"蓝水"比例

灌溉耕地对我国粮食生产贡献起到绝对重要的作用，因此有必要考察灌溉耕地上广义农业水资源中"绿水"和"蓝水"的相对比例。

2020年，全国灌溉耕地的广义农业水资源中，耕地降水占45.5％，同比降低了0.7个百分点，耕地灌溉占54.5％，同比提高了0.7个百分点。在13个粮食主产省份中，河北（降水64.1％/灌溉35.9％）、河南（70.8％/29.2％）、山东（70.3％/29.7％）、安徽（68.1％/31.9％）、湖北（57.9％/42.1％）、江苏（50.7％/49.3％）、吉林（50.2％/49.8％）的灌溉耕地上接受的降水量超过了灌溉量。而内蒙古（39.1％/60.9％）、辽宁（44.1％/55.9％）、黑龙江（50.2％/49.8％）、江西（42.5％/57.5％）、湖南（44.5％/55.5％）、四川（38.9％/61.1％）灌溉耕地上所接受的灌溉水量都超过了所接受的降水量。

耕地上所接受的"蓝水"和"绿水"的相对占比反映了一个区域的气候类型、灌溉耕地占比、灌溉作物种植结构，以及灌溉节水措施的效果。值得注意的是：在一直以来被认为是灌溉广度和强度都很大的河北省，灌溉耕地上的耕地灌溉占比却低于其他主产省，这主要是河北省的冬小麦—夏玉米轮作制度中，全年 70％以上的降水都发生在夏玉米生长季。处于类似气候区和相同农作制的河南、山东两省也有类似的情况。而黑龙江和辽宁的灌溉主要集中在水稻上，吉林是由于灌溉集中于极为干旱的耕地或抗旱保产的耕地上，所以灌溉占比较高。南方各主产省是由于水稻的灌溉量大造成灌溉比例较高。但是位于南北交界处的安徽，由于作物中小麦和玉米还占有一定比例，所以，灌溉耕地接受的"蓝水"量少于"绿水"量。

综上，全国耕地上总的"蓝水"和"绿水"比例与灌溉耕地上的该比例是略有不同的，这取决于当地的灌溉耕地占总耕地面积的比例。灌溉比例越是较高的省份，两个比例越相似。如新疆耕地上绿水：蓝水为 9.6：90.4，而其灌溉耕地两者比例为 10.6：89.4。

4. 灌溉耕地和旱作雨养耕地上接受的广义农业水资源

2020 年，全国实灌面积上接受的灌溉"蓝水"和降水"绿水"的总量 6 885.6 亿米^3，比上年增加 6.73％。全国旱作雨养耕地上接受的降水"绿水"3 087.6 亿米^3，比上年减少 48.5 亿米^3，减幅 1.54％。2020 年，全国灌溉农田上接受的"绿水"、"蓝水"及其总量均比上年增加。

（四）广义农业水土资源匹配

水土资源的匹配程度是衡量一个区域耕地面积及其可用水资源之间的关系，也是该地区所能承载耕地数量的指标。传统上用该地区的水资源量（"蓝水"）除以该区的耕地面积得到"水土资源匹配程度"。但从"蓝水"和"绿水"的角度看，该区耕地可用的广义农业水资源应该是区域"绿水"和"蓝水"总量所能承载的耕地数量。因此，本报告除了计算传统"蓝水"视角的"水土资源匹配"外，还计算了综合"蓝水"和"绿水"的"广义农业水土资源匹配"。

1. 传统水土资源匹配

如果用传统水土资源匹配指标进行衡量，位于北方缺水流域的一些粮食主产省均严重失衡，而位于南方丰水流域的主产省水土资源匹配程度较高（图 1-1）。2020 年河北用占全国 0.46% 的水资源支撑了占全国 4.72% 的耕地，水土比只有

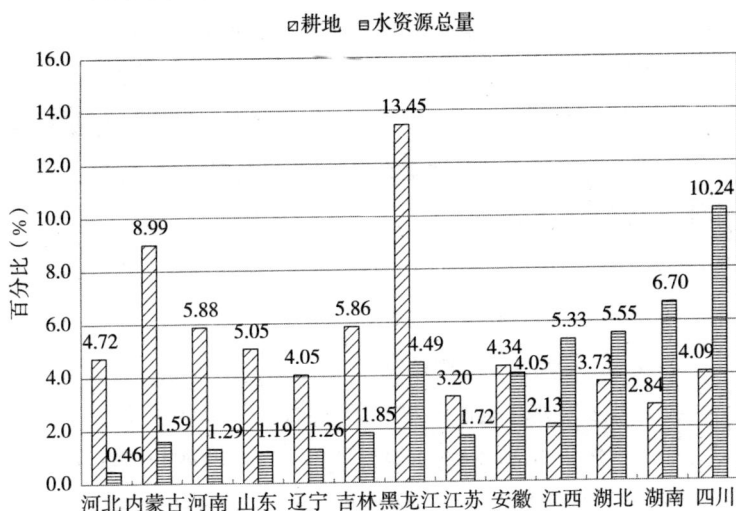

图 1-1 2020 年粮食主产省份水土资源匹配程度
（耕地占全国百分比和水资源量占全国百分比）

0.10（水土比＝水资源占比/耕地占比）。类似地，山东用占全国 1.19％的水资源支撑了占全国 5.05％的耕地，水土比仅有 0.23；江苏（0.54）、吉林（0.32）、河南（0.22）、黑龙江（0.33）、辽宁（0.31）、内蒙古（0.18）、安徽（0.93）都低于 1.0；湖北（1.49）、四川（2.51）、湖南（2.36）、江西（2.51）都大于 1.0。从传统水土资源匹配程度看，13 个主产省份中只有四川、湖北、湖南、江西 4 省的水资源占比是大于土地资源占比的，东北和华北的主产省份均小于 0.5，南方的江苏、安徽均在 0.5～1.0 之间。

2. 灌溉水资源匹配

如果用耕地上的灌溉水量和耕地数量进行匹配，南方粮食主产省份的水土比（灌溉水资源占比/耕地占比）较传统水土资源匹配下的数值有所降低，但基本上仍大于 1（江苏 2.40、江西 2.31、湖南 2.01、四川 1.04、湖北 1.02），只有安徽略小于 1（0.96）。北方粮食主产省份的水土比有所增加，但均小于 1，最高的是山东（0.71），其次是黑龙江（0.67）、河北（0.64）、河南（0.62）、辽宁（0.59）、吉林（0.40），最低的是内蒙古（0.36）（图 1－2）。

3. 广义农业水土资源匹配

从广义农业水土资源匹配的角度看，计算每单位耕地上的广义农业水资源量更能够体现各地区农业水土资源匹配的禀赋。

在考虑耕地降落的"绿水"因素后，粮食主产省的水土资源匹配图景发生了明显的变化（图 1－3）。2020 年，河北用占全国 4.10％的广义农业水资源支撑了占全国 4.72％的耕地，

□耕地比例　□耕地灌溉水资源比例

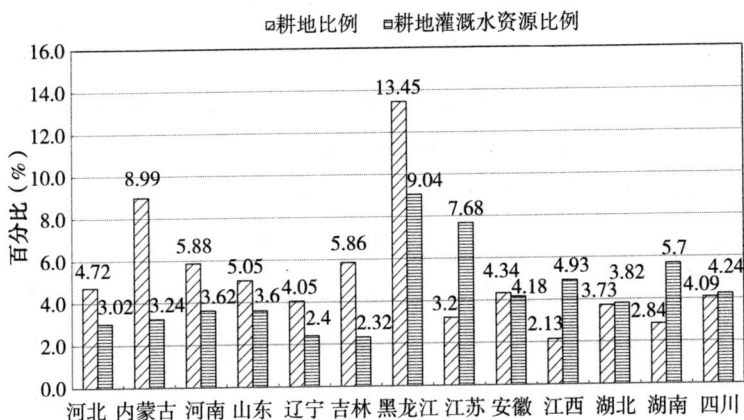

图 1-2　2020 年粮食主产省份耕地和灌溉水资源匹配程度

（耕地占全国百分比和耕地灌溉水量占全国百分比）

□耕地　□广义水资源

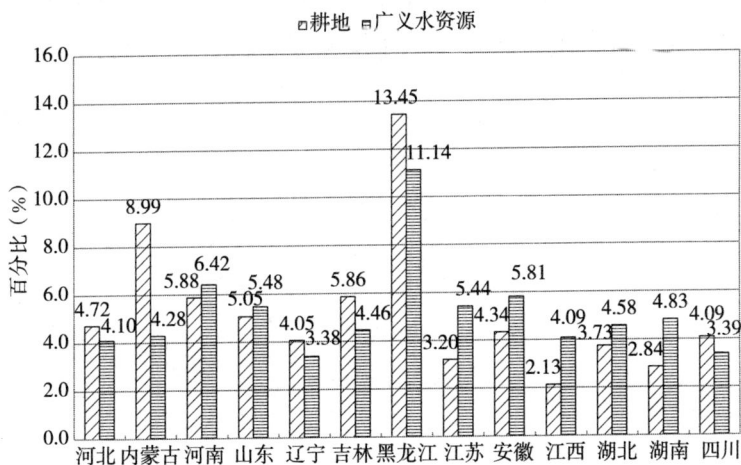

图 1-3　2020 年粮食主产省份广义农业水土资源匹配程度

（耕地占全国百分比和广义农业水资源量占全国百分比）

广义水土比（广义水土比＝广义农业水资源占比/耕地占比）达到了 0.87，显著高于其传统水土比 0.10。山东广义水土比达到 1.08，也远高于传统水土比 0.23。在其他传统水土比较低的省份，广义水土比均有大幅度提升，如河南（广义水土比 1.09：传统水土比 0.22）、辽宁（0.84：0.31）、吉林（0.76：0.32）、黑龙江（0.83：0.33）、内蒙古（0.48：0.18）基本上都接近或超过 0.5 甚至 1。其他主产省份，如江苏（1.70：0.54）、安徽（1.34：0.93）、湖北（1.49：1.23）、四川（2.51：0.83）、江西（2.51：1.92）均有上升。湖南（1.70：2.36）有所下降（表 1-1）。

综合考虑耕地降水"绿水"和"蓝水"因素的广义农业水土比，说明了在一些缺水的粮食主产省份，真正支撑其粮食生产的是广义农业水资源禀赋，同时，也修正了丰水省份的实际水土比。

表 1-1 2020年全国分省耕地广义农业水土资源匹配

项目	耕地比例（%）	水资源总量（亿米³）	水资源总量比例（%）	耕地灌溉水资源（亿米³）	耕地灌溉水资源比例（%）	广义农业水资源（亿米³）	广义农业水资源比例（%）
全国	100	31 605.2	100	3 247.8	100	9 973.2	100
北京	0.07	25.8	0.08	1.8	0.05	6.6	0.07
天津	0.26	13.3	0.04	8.6	0.27	23.9	0.24
河北	4.72	146.3	0.46	96.4	2.97	408.4	4.10
山西	3.03	115.2	0.36	34.1	1.05	233.4	2.34
内蒙古	8.99	503.9	1.59	104.0	3.20	426.5	4.28
河南	5.88	408.6	1.29	117.0	3.60	640.2	6.42
山东	5.05	375.3	1.19	112.3	3.46	546.7	5.48
辽宁	4.05	397.1	1.26	77.3	2.38	337.6	3.38
吉林	5.86	586.2	1.85	70.2	2.16	445.0	4.46
黑龙江	13.45	1 419.9	4.49	329.1	10.13	1 110.7	11.14
上海	0.13	58.6	0.19	12.1	0.37	24.5	0.25
江苏	3.20	543.4	1.72	231.8	7.14	542.1	5.44

（续）

项目	耕地比例（%）	水资源总量（亿米³）	水资源总量比例（%）	耕地灌溉水资源（亿米³）	耕地灌溉水资源比例（%）	广义农业水资源（亿米³）	广义农业水资源比例（%）
浙江	1.01	1 026.6	3.25	67.8	2.09	161.7	1.62
安徽	4.34	1 280.4	4.05	130.5	4.02	579.6	5.81
福建	0.73	760.3	2.41	97.0	2.99	174.0	1.74
江西	2.13	1 685.6	5.33	175.4	5.40	408.1	4.09
湖北	3.73	1 754.7	5.55	118.7	3.65	456.9	4.58
湖南	2.84	2 118.9	6.70	216.5	6.67	481.5	4.83
广东	1.49	1 626	5.14	177.3	5.46	303.6	3.04
海南	0.38	263.6	0.83	25.8	0.80	68.6	0.69
重庆	1.46	766.9	2.43	23.8	0.73	118.2	1.19
四川	4.09	3 237.3	10.24	135.5	4.17	337.7	3.39
贵州	2.72	1 328.6	4.20	40.7	1.25	271.0	2.72
云南	4.22	1 799.2	5.69	95.6	2.94	466.7	4.68
西藏	0.35	4 597.3	14.55	19.6	0.60	29.2	0.29
广西	2.59	2 114.8	6.69	162.0	4.99	418.7	4.20

（续）

项目	耕地比例 (%)	水资源总量 (亿米³)	水资源总量 比例 (%)	耕地灌溉水 资源 (亿米³)	耕地灌溉水 资源比例 (%)	广义农业水 资源 (亿米³)	广义农业水资 源比例 (%)
陕西	2.29	419.6	1.33	42.9	1.32	190.5	1.91
甘肃	4.07	408	1.29	73.5	2.26	195.8	1.96
青海	0.44	1 011.9	3.20	12.0	0.37	24.9	0.25
宁夏	0.93	11	0.03	49.6	1.53	85.1	0.85
新疆	5.50	801	2.53	388.8	11.97	456.0	4.57

二、农作物生产与耗水

（一）农作物生产概况

2020 年，全国农作物总播种面积 167 487 千公顷，同比增加 0.94%，恢复并超过 2016 年的水平（166 939 千公顷）。其中，粮食作物播种面积 116 768 千公顷，同比增加 0.61%。粮食作物播种面积占总播种面积 69.7%，同比下降 0.2 个百分点，粮食作物播种面积的增加幅度小于总播种面积的增加幅度。粮食作物中，谷物播种面积 97 964 千公顷，同比增加 0.12%，谷物种植面积占比 83.9%，同比略有减少。稻谷播种面积 30 076 千公顷，比上年增加 1.29%，水稻播种面积和占比同比均略有增加。小麦播种面积 23 380 千公顷，同比减少 1.47%，小麦播种面积和占比连续第四年下降。玉米播种面积 41 264 千公顷，同比减少 0.05%，玉米播种面积和占比连续第五年减少，但减少幅度在 5 年中最小。油料播种面积 13 129 千公顷，同比增加 1.58%，已经达到并超过 13 000 千公顷的多年平均水平。棉花播种面积 3 169 千公顷，比上年减少 5.10%，棉花播种面积和占比同比均有下降，连续第二年下降且下降幅度较大。糖料播种面积 1 568 千公顷，比上年减少 2.61%，糖料播种面积和占比同比均有下降。蔬菜播种面积 21 485 千公顷，比上年增加 2.98%；蔬菜播种面积和占比连续第四年增长。

2020 年，全国粮食总产 66 949 万吨，同比增长 0.85%。其中，谷物总产 61 674 万吨，同比增长 0.5%。稻谷产量 21 186 万吨，同比增长 1.07%，扭转了连续两年的下降。小麦总产 13 360 万吨，同比增长 0.49%，连续第二年增长。玉米总产 26 067 万吨，同比减少 0.04%，尽管未能持续 2019 年对玉米连续 3 年减产的扭转，但减产幅度不大。豆类总产 2 287 万吨，同比增加 7.3%，连续第五年增长。薯类总产 2 987 万吨，同比增加 3.63%，连续第四年增产。

2020 年，棉花总产 591 万吨，同比增加 0.37%，扭转了去年小幅减产的形势。油料总产 3 586 万吨，同比增长 2.67%，连续第二年增长。糖料产量 12 014 万吨，同比减产 1.27%，未能保持连续 3 年的增产态势。蔬菜总产 74 141 万吨，同比增加 2.83%，连续第十年增长。

从分省看，2020 年，13 个粮食主产省份生产了全国 78.6% 的粮食，79.9% 的谷物，77.2% 的稻谷，86.5% 的小麦，79.6% 的玉米，82.7% 的豆类，48.0% 的薯类。2020 年，全国棉花产量主要集中于新疆、河北、山东、湖北、湖南和江西 6 个省份，它们生产了全国 97.9% 的棉花，棉花生产的集中度进一步提高。2020 年，全国油料产量主要集中于河南、四川、山东、湖北、内蒙古、湖南、辽宁、河北、吉林、辽宁、江西、贵州、江苏、陕西、甘肃、新疆等省份（13 个粮食主产省份中，除黑龙江外，其他 12 个省份都是油料主产省，再加上非粮食主产省份的贵州、陕西、甘肃、新疆，共 16 个主产省份），它们出产了全国 87.5％的油料。在糖料作物中，甘蔗产量主要集中于广东、广西、云南三省份，它们的产量占全国的 96.8％。甜菜主产省份主要是内蒙古和新疆，占全国产量的 90.3％。蔬菜在我国各省份广泛分布，从产量占全国总产来看，蔬菜主产省份分别是：山东、河南、江苏、河北、四川、湖北、湖南、广西、广东、贵州、云南、安徽、浙江、重庆、福建、江西、新疆、辽宁、陕西。2020 年，蔬菜主产省份生产了全国 90.4％的蔬菜。

（二）农作物耗水量

植物叶片表面的气孔在吸收 CO_2 的同时散发出水汽（蒸腾），植物同化二氧化碳，从而形成生物量和经济产量。作物生产过程中，不仅有植物的蒸腾，还有土面的蒸发，蒸发加蒸腾称之为蒸散量，这部分水分由于作物产量（生物量）的形成而不可恢复地消耗，所以是作物生产中的耗水。一般来说，作物的产量与蒸散耗水量之间总体上存在正相关，但是，由于作物种类、品种、管理、节水措施、种植结构的不同，作物产量与耗水量之间并不一定严格遵循正相关的普遍规律。

1. 作物总耗水量

2020 年，全国作物总耗水量 6 860.7 亿米³，同比下降 4.75％。其中，来源于灌溉的耗水量 1 845.6 亿米³，同比下降 0.59％；来源于降水的耗水量 4 961.1 亿米³，同比下降

6.60％。2020 年作物总耗水量与上年相比出现较明显下降，主要是由于耕地面积的减少造成耕地接纳的降水量减少，以及主要农作物水分生产力的提高。

2. 粮食耗水量

2020 年，粮食作物总耗水量 5 051.8 亿米³，同比下降 4.39％。其中，来源于灌溉的耗水量 1 318.7 亿米³，同比增加 0.31％；来源于降水的耗水量 3 733.1 亿米³，同比下降 6.21％。2020 年粮食总产同比增产 0.85％，但耗水量同比减少 6.21％。这里有种植结构变化和水分生产力提高双重作用的影响。

粮食作物中，水稻、小麦是重要的口粮，玉米是重要的饲料粮。其中，水稻、小麦属于 C_3 作物，玉米属于水分生产力较高的 C_4 作物，因此这三大粮食作物的耗水量对粮食的耗水量影响很大。

2020 年，三大粮食作物总产 60 677.9 万吨，同比增产 0.46％。水稻、小麦、玉米总耗水量 4 642.3 亿米³，同比增加 0.23％。

2020 年，稻谷总产 21 186 万吨，同比增加 1.06％，稻谷耗水量 2 309.4 亿米³，同比增加 1.26％。小麦总产 13 425 万吨，同比增加 0.49％，小麦耗水量 958 亿米³，同比减少 1.65％。玉米总产 26 067 万吨，同比减少 0.04％，玉米耗水量 135.0 亿米³，同比减少 0.13％。总体上，稻谷、小麦、玉米的总耗水量随着产量略增而略降。

2020 年，稻谷总产占三大粮食作物总产的 34.9％，而其耗水量占三大粮食作物总耗水量的 49.7%，稻谷是耗水量最多的粮食作物。小麦总产占比 22.1%，耗水量占比 20.6%。玉米总产占比 43.0%，耗水量占比仅 29.6%（表 2-1）。

表 2-1　2020 年全国稻谷、小麦和玉米耗水量与
其耗水比例、产量与其产量比例

三大作物	稻谷	小麦	玉米
耗水量（亿米³）	2 309.4	958	1 375.0
耗水比例（%）	49.7	20.6	29.6
产量（万吨）	21 186	13 425	26 067
产量比例（%）	34.9	22.1	43.0

玉米是 C_4 作物，水分生产力较高。小麦是 C_3 作物，但是由于节水品种以及农艺和工程节水措施的实施，水分生产力不断提高，耗水占比略小于产量占比。稻谷由于其淹水种植的生理特征，耗水占比远远大于产量占比。2020 年，三大粮食作物耗水量占粮食作物总耗水量的比例为 91.9%。2020 年，全国 13 个粮食主产省份的粮食耗水量 3 623.2 亿米³，同比减少 0.9%。主产省粮食耗水量占全国粮食总耗水量的 71.7%。2020 年，粮食耗水量占作物总耗水量的 74.2%，是种植业第一大耗水户。

3. 蔬菜耗水量

2020 年，全国蔬菜总产 74 141.0 万吨（以鲜菜计算，下同），同比增加 2.83%，连续第十年增长。蔬菜总耗水量

848.2 亿米³，同比减少 10.9%，蔬菜耗水减幅超过产量增幅。其中，灌溉耗水量 249.9 亿米³，同比增加 1.44%；降水耗水量 598.3 亿米³，同比减少 15.3%。灌溉耗水在蔬菜总耗水量中的占比 29.5%，降水占 70.5%。2020 年，蔬菜耗水占作物总耗水量的 12.5%，同比降低 0.8 个百分点。2020 年，蔬菜主产省份的总产占全国蔬菜总产的 90.4%，蔬菜主产省份的耗水量占全国蔬菜耗水总量的 91.3%。

蔬菜产量，从绝对值看，已经超过了粮食总产量。但是，由于蔬菜种类繁多、品种庞杂、含水量大、含水差异大，蔬菜总产量的绝对值在某种程度上不能与粮食总产进行类比。但是蔬菜已经成为仅次于粮食的第二大耗水户，所以需要引起特别关注。

4. 棉花耗水量

2020 年，全国棉花产量 591.0 万吨（皮棉，下同），同比增加 0.36%。棉花耗水总量 223.5 亿米³，同比增加 5.9%。其中，棉花灌溉耗水量 113.4 亿米³，同比减少 5.59%；降水耗水量 110.1 亿米³，同比增加 20.9%。

2020 年，全国棉花主要集中于新疆，其产量占全国总产的 84.9%。其他棉花主产省份还有河北、山东、湖北、湖南、江西、安徽。这 7 个省份的棉花总产占全国总产的 96.0%。其棉花耗水总量 222.7 亿米³，占棉花全国总耗水量的 99.7%。2020 年，棉花耗水量占作物总耗水量的 3.3%。

5. 油料耗水量

2020 年，全国油料作物（包括花生、油菜籽、芝麻、葵花子、胡麻籽）总产量 3 586.4 万吨，同比增加 2.17%。油料作物耗水总量 556.6 亿米^3，同比减少 8.62%。其中，灌溉耗水量 141.4 亿米^3，同比增加 0.21%；降水耗水量 416.2 亿米^3，同比减少 11.1%。

油料作物在我国分布广泛，各省份都有种植。2020 年，全国油料作物生产主要集中于河南（产量占全国总产 18.8%）、四川、山东、湖北、内蒙古、湖南、安徽、河北、吉林、江西、贵州、广东。这 12 个省份出产了全国 87.5% 的油料，而其耗水总量占全国油料作物耗水总量的 75.1%。2020 年，油料作物耗水量占作物总耗水量的 8.21%。

6. 糖料耗水量

2020 年，全国糖料作物产量中，甘蔗总产 10 821.11 万吨，同比减产 1.16%；甜菜总产 1 198.4 万吨，同比减产 2.35%。糖料作物总耗水量 91.29 亿米^3，同比减少 3.65%。

2020 年，甘蔗生产主要集中于广西（产量占全国总产 68.6%）、云南、广东 3 省份，其甘蔗产量之和占全国 96.0%。甜菜生产主要是新疆和内蒙古，2 个自治区的甜菜总产占全国总产 90.3%。5 个主产省份的糖料耗水量占全国糖料耗水量的 98.4%。2020 年，糖料作物耗水量占作物总耗水量的 1.08%。

（三）农作物耗水结构——灌溉和降水贡献率

降水贡献率，是指在流域或区域范围内，农业生产（种植、畜牧、水产）中消耗的总蒸散量中来源于"绿水"的部分与总蒸散量之比。灌溉贡献率，是指在流域或区域范围内，农业生产（种植、畜牧、水产）中消耗的总蒸散量中来源于"蓝水"的部分与总蒸散量之比。

2020年，全国作物生产中，灌溉贡献率27.3%，降水贡献率72.7%。粮食作物灌溉贡献率26.1%，降水贡献率73.9%。蔬菜灌溉贡献率29.5%，降水贡献率70.5%。棉花灌溉贡献率50.7%，降水贡献率49.3%。油料作物灌溉贡献率25.2%，降水贡献率74.8%。糖料作物灌溉贡献率30.7%，降水贡献率69.3%。

全国分省粮食生产中灌溉和降水贡献率的计算结果显示，大部分省份的降水贡献率都超过了50%，只有上海（灌溉：降水＝62.2%：37.8%）和新疆（53.2%：46.8%）的灌溉贡献率超过了降水贡献率。灌溉贡献率较高的还有：宁夏（46.1%：53.9%）、广东（47.1%：52.9%）、江苏（42.0%：58.0%）。13个粮食主产省份的粮食生产降水贡献率普遍高于灌溉贡献率。

三、农作物的用水效率和效益

（一）用水效率——灌溉水和降水有效利用系数

灌溉水有效利用系数，是指流域或区域范围内，到达农田的灌溉水量与灌溉取水点的水量之比，它是衡量灌溉系统输水效率的指标。

降水有效利用系数，是指流域或区域范围内，降落到耕地上的天然降水被作物以蒸腾散发的形式消耗的水量与耕地降水量之比，它是衡量旱作农田水分利用效率的指标。

2020年，全国农田灌溉水有效利用系数 0.565，同比提高了 0.006，增幅 1.07%。2020 年，北京（0.750）、上海（0.738）、天津（0.720）、河北（0.675）的农田灌溉水有效利用系数最高，分别比全国水平高出 32.7%、30.6%、27.4%、19.5%。13 个粮食主产省份中，内蒙古（-0.18%）、安徽（-2.48）、湖南（-4.25%）、湖北（-6.55%）、江西（-8.85%）、四川（-14.3%）的有效利用系数均比全国水平低，河北（19.5%）、山东（14.3%）、河南（9.20%）、江苏（9.03%）、吉林（6.55%）、辽宁（4.78%）、黑龙江（8.50%）的有效利用系数均比全国水平高。2020 年，13 个粮食主产省份的有效利用系数及其同比变化率分别为：河北

0.675（0.15％）、内蒙古 0.564（3.11％）、河南 0.617
（0.33％）、山东 0.646（0.47％）、辽宁 0.592（0.17％）、吉
林 0.602（1.35％）、黑龙江 0.613（0.49％）、江苏 0.616
（0.33％）、安徽 0.551（1.29％）、江西 0.515（0.39％）、湖
北 0.528（1.15％）、湖南 0.541（1.12％）、四川 0.484
（1.47％）。总体上，经济发达地区、粮食主产省份以及干旱缺
水地区的灌溉水利用系数相对较高。

（二）用水效益——物质水分生产力

作物用水效益有物质效益和经济效益两大类。本报告中指
物质效益，即立方米耗水产出的作物产量。本报告涵盖的作物
大类有：粮食作物、油料作物、糖料作物、纤维作物、蔬菜作
物。其中粮食作物包括：谷物（水稻、玉米、小麦、其他谷
物）、薯类、豆类（大豆和其他豆类）等。油料作物主要包括：
花生、油菜籽、芝麻、葵花籽、胡麻籽等。纤维作物主要包
括：棉花、各种麻类（黄红麻、亚麻、苎麻）等。糖料作物包
括：甘蔗和甜菜。蔬菜作物主要涵盖叶菜类、果菜类、根茎类
蔬菜。为了报告的实用性和适用性，本报告只报道作物大类的
水分生产力。其中粮食作物中，水稻、玉米、小麦的水分生产
力单独报道。由于近年来蔬菜产量持续增长，其总产量已经超
过粮食作物，因此，在报告顺序上将蔬菜作物置于仅次于粮食
作物的位置。

　　不同作物水分利用效率相差较大，本报告将按照作物大类
报告水分生产力。

1. 粮食作物

2020 年，全国粮食作物总水分生产力为 1.276 千克/米³，同比提高 2.00%，吨粮耗水量 784 米³。

2020 年，13 个粮食主产省份的粮食作物水分生产力总体上高于非主产省份。东北区黑龙江粮食作物综合水分生产力 0.870 千克/米³，同比降低 9.8%。吉林 1.213 千克/米³，同比降低 8.9%。辽宁 1.367 千克/米³，同比降低 16.0%。河北 1.788 千克/米³，同比提高 16.1%。内蒙古 1.050 千克/米³，同比降低 19.1%。河南 1.798 千克/米³，同比降低 19.2%。山东 1.424 千克/米³，同比降低 14.0%。江苏 1.465 千克/米³，同比提高 18.5%。安徽 1.821 千克/米³，同比提高 9.2%。江西 1.354 千克/米³，同比提高 10.5%。湖北 1.405 千克/米³，同比提高 13.9%。湖南 1.703 千克/米³，同比提高 9.3%。四川 1.494 千克/米³，同比提高 30.2%。

（1）稻谷

2020 年，全国稻谷水分生产力为 0.917 千克/米³，同比降低 0.19%，吨粮耗水量 1 090 米³。

13 个粮食主产省份中的南方水稻主产区，江苏稻谷水分生产力 1.269 千克/米³，同比提高 9.3%。安徽 1.191 千克/米³，同比降低了 8.4%。江西 1.283 千克/米³，同比不升不降。湖北 1.319 千克/米³，同比降低 1.6%。湖南 1.531 千克/米³，同比降低 4.4%。四川 1.122 千克/米³，同比降低 3.0%。东北也是优质水稻的主要产区，尤其是黑龙江省的水稻面积，近几年由于市场需求增加，播种面积和产量不断增加。东北区辽宁稻谷水分生产力为 0.846 千克/米³，同比提高 4.8%。吉林 0.694 千克/米³，同比降低 0.1%。黑龙江 0.714 千克/米³，同比提高 4.6%。

2020 年，南方 6 省份的水稻水分生产力均高于全国平均水平，吨粮耗水均小于 1 000 米³，各省与上年相比水分生产力有升有降。尽管东北地区的水稻水分生产力低于全国平均水平，但与上年相比均有所提高。东北水稻吨粮耗水总体在 1 200～1 400 米³ 之间。

（2）小麦

2020 年，全国小麦水分生产力为 1.457 千克/米³，同比降低 2.2%，吨粮耗水量 686 米³。

在 13 个粮食主产省份中，河北、河南和山东都是小麦产区。河北小麦水分生产力为 1.436 千克/米³，同比降低 4.4%。河南 1.324 千克/米³，同比降低 28.3%。山东 1.336 千克/米³，同比提高 6.0%。其他小麦主产省份的水分生产力：江苏 1.781 千克/米³，同比降低 1.6%。安徽 2.062 千克/米³，同比提高 2.6%。湖北 1.434 千克/米³，同比降低 8.0%。四川 1.429 千克/米³，同比降低 5.8%。

（3）玉米

2020 年，全国玉米水分生产力为 1.861 千克/米³，同比提高 6.2%，吨粮耗水量 537 米³。

东北、华北是我国玉米重要产地。辽宁玉米水分生产力为 1.739 千克/米³，同比降低 11.0%。吉林 2.198 千克/米³，同比提高 18.2%。黑龙江 1.876 千克/米³，同比提高 10.5%。

内蒙古 1.806 千克/米³，同比降低 0.4%。河北 1.699 千克/米³，同比提高 5.1%。河南 1.737 千克/米³，同比提高 6.4%。山东 2.937 千克/米³，同比提高 27.0%。江苏 1.823 千克/米³，同比提高 10.1%。安徽 2.084 千克/米³，同比提高 5.7%。

2020 年，山东、河南玉米水分生产力处于全国最高水平，安徽在南方各主产省中最高。

2. 蔬菜

2020 年，全国蔬菜水分生产力为 7.594 千克/米³，同比提高 0.24%，吨菜耗水量 131 米³。

相关蔬菜主产省蔬菜水分生产力如下：河北 19.29 千克/米³，同比提高 6.93%。河南 18.72 千克/米³，同比提高 0.21%。山东 20.60 千克/米³，同比提高 13.9%。辽宁 12.45 千克/米³，同比降低 6.04%。江苏 8.414 千克/米³，同比提高 14.3%。安徽 10.71 千克/米³，同比提高 6.25%。浙江 5.216 千克/米³，同比提高 37.9%。湖北 7.773 千克/米³，同比提高 11.7%。湖南 8.117 千克/米³，同比提高 7.51%。四川 8.777 千克/米³，同比提高 25.0%。重庆 7.207 千克/米³，同比提高 21.2%。贵州 4.742 千克/米³，同比提高 30.4%。云南 3.772 千克/米³，同比提高 13.27%。广东 5.692 千克/米³，同比提高 22.3%。广西 5.301 千克/米³，同比提高 26.6%。陕西 12.04 千克/米³，同比提高 29.9%。新疆 6.534 千克/米³，同比降低 9.29%。

2020 年，位于蔬菜水分生产力第一梯队的是华北各蔬菜主产省份，江苏、安徽、湖南、湖北、四川、重庆、陕西、新疆处于第二梯队，云南、贵州、广西、广东最低。

3. 棉花

2020 年，全国棉花总产量 591.0 万吨，总耗水量 223.48 亿米^3，水分生产力为 0.276 千克/米^3，同比降低 1.18%，吨棉耗水量 3 628 米^3。

2020 年，新疆棉花水分生产力 0.255 千克/米^3，同比降低 4.56%。河北 0.332 千克/米^3，同比提高 5.73%。山东 0.639 千克/米^3，同比提高 24.6%。湖北 0.189 千克/米^3，同比持平。湖南 0.347 千克/米^3，同比提高 7.1%。江西 0.326 千克/米^3，同比持平。棉花是典型的高耗水作物，山东的棉花水分生产力最高，超过了 0.50 千克/米^3，其他棉花主产省份都在 0.20～0.40 千克/米^3 之间。

4. 油料作物

2020 年，全国油料作物总产量 3 586.4 万吨，总耗水量 556.59 亿米^3，水分生产力为 0.644 千克/米^3，同比提高 12.4%，吨油耗水量 1 552 米^3。

相关油料主产省水分生产力如下：河南油料作物水分生产力 1.853 千克/米^3，同比提高 3.52%，主要作物是花生和芝麻。四川 0.663 千克/米^3，同比提高 26.1%，主要作物是油菜。山东 1.609 千克/米^3，同比提高 17.4%，主要作物是花生。湖北 0.598 千克/米^3，比上年提高 13.7%，主要作物是油菜和芝麻。内蒙古 0.468 千克/米^3，同比降低 17.9%，主要作物是油葵。湖南 0.482 千克/米^3，同比提高 10.1%，主要作物是油菜。安徽 1.029 千克/米³，同比提高 8.32%，主要作物是油菜和花生。河北 1.012 千克/米³，同比提高 9.64%，主要作物是花生。吉林 0.575 千克/米³，同比降低 4.48%，主要作物是花生。江西 0.448 千克/米³，同比提高 18.5%，主要作物是油菜和芝麻。贵州 0.444 千克/米³，同比提高 32.5%，主要作物是油菜。广东 0.681 千克/米³，同比提高 23.6%，主要作物是油菜。

油料作物主要包括花生、油菜和芝麻等，由于各主产省份油料作物种植结构的不同，水分生产力存在较大的差异。一般来说，油菜水分生产力最低，花生和芝麻水分生产力比油菜高，但也存在地区间差异。总体上，河南、山东、河北、安徽等省的油料作物水分生产力较高，均在 1.000 千克/米³ 以上。

5. 糖料作物

2020 年，全国糖料作物总产量 12 010.50 万吨，总耗水量 72.9 亿米³，水分生产力为 13.16 千克/米³，同比提高 5.03%，吨糖耗水量 76 米³。

2020 年，内蒙古甜菜水分生产力 9.546 千克/米³，同比降低 16.7%。新疆 9.131 千克/米³，同比下降 9.5%。广西 18.34 千克/米³，同比提高 27.5%。广东 18.323 千克/米³，同比提高 25.7%。云南 12.924 千克/米³，同比提高 25.7%。

对于甜菜作物水分生产力，内蒙古略高于新疆。对于甘蔗水分生产力，广西、广东差异不大，高于云南。糖料作物的水分生产力普遍较高。

（三）真实节水效果评价

传统上农业节水评价的误区在于只重视水分在局部（农田和渠系）而忽视其在全局（灌区和流域）中的运动和转化。因此，在其主要评价指标"输水效率"（主要评价灌溉系统输水效率的灌溉利用系数）中所谓的"浪费"，从全局考察，实际上被区域中其他用户重复利用和消耗，所以在评价节水效果时，大大高估了实际节水量，造成所谓的"纸上节水"。最近20年来，在全球农业用水治理创新的核心理念和实践中，节水评价的重点已经从单一评价"输水效率"转移到综合评价"输水效率"（灌溉利用系数）和"耗水效率"（单位蒸散耗水达成的产量，即水分生产力），评价实行节水措施的区域所减少的净耗水量（蒸散量）、地表水和地下水无效流失量、农作物增产部分所增加的净耗水量所实现的"真实节水量"。

本报告基于上述理论基础以及水分生产力计算效果，计算了全国种植业生产中由于水分生产力的提高所实现的"真实节水量"（表3-1）。根据计算结果，2020年，全国作物生产中，由于作物水分生产力的提高而实现的灌溉水减少量为42.07亿米[3]。

表 3-1 2020 年全国农作物生产中实现的"真实节水量"（耗水）计算

作物大类	2019年吨品耗水量	2020年吨品耗水量	2020年产量	在2019年吨品耗水平上的耗水量	2019年蓝水贡献	2019年蓝水耗水率	2019年水平上的灌溉量	在2020年吨粮（菜、油、棉、糖）的耗水平上的耗水量	2020年蓝水贡献	2020年蓝水耗水率	2020年水平上的毛灌溉量	真实节水量（节省耗水量）
单位	米³	米³	万吨	亿米³	%	无量纲	亿米³	亿米³	%	无量纲	亿米³	亿米³
计算项	A	B	C	$D=A\times C$	p_1	q_1	$W_1=\dfrac{D\times p_1}{q_1}$	$E=B\times C$	p_2	q_2	$W_2=\dfrac{E\times p_2}{q_2}$	$S=W_1-W_2$
粮食	796	755	66 949.2	5 397.05	24.66	0.571	2 301.52	5 284.19	26.1	0.573	2 302.39	−0.86
蔬菜	132	114	74 141	944.54	25.81	0.571	442.37	951.75	29.46	0.573	434.55	7.82
棉花	3 585	3 628	591.0	200.40	56.87	0.571	211.02	211.12	50.73	0.573	189.83	21.19
油料	1 744	1 552	3 586.4	612.32	23.16	0.571	253.69	609.17	25.23	0.573	245.08	8.61
糖料	79.79	61	12 010.5	97.07	26.52	0.571	44.51	97.10	30.65	0.573	39.19	5.32
合计							3 253.11				3 211.04	42.07

四、结　　语

2020 年，全国平均年降水量同比增加，比多年平均偏多；水资源量比常年和同比均偏多。降水量和水资源量从总体上保障了农业用水量的稳定。

2020 年，全国农业用水量 3 612.4 亿米^3，同比减少 69.9 亿米^3，降幅 1.9%。农业用水占总用水量 62.1%，同比减少 1 个百分点，但仍是最大用水部门。农业用水占比各省、直辖市、自治区之间差异较大，从东南沿海到西北内陆逐渐递增。13 个粮食主产省份农业用水占比均在 80% 以上，保证了粮食安全的用水需求。2020 年，全国农田灌溉量 3 250.1 亿米^3，占本年度农业用水量的 89.9%，农田灌溉仍是农业用水第一大户。全国广义农业水资源（以归一化的水深衡量）同比和与常年比均有增加。从水量衡量，广义农业水资源量 9 973.2 亿米^3，同比增加 4.03%，其中，作物实际消耗 6 860.7 亿米^3。作物灌溉耗水占实际灌溉量 56.8%。在作物总耗水中，粮食耗水量占 75.1%，是种植业第一大耗水户，紧随其后的是蔬菜（12.4%）、油料（8.1%）、棉花（3.3%）、糖料（1.3%）。

2020 年，我国作物生产在总体水资源优越与农业用水量同比减少情况下，继续实现粮食生产的"连增"目标。农业用水效率和作物用水效益继续提升。灌溉水有效利用系数

0.565，同比提高 1.07%；粮食综合水分生产力 1.276 千克/米^3，同比提高 2.0%；稻谷水分生产力 0.917 千克/米^3，同比降低 0.19%；小麦水分生产力 1.457 千克/米^3，同比降低 2.2%；玉米水分生产力 1.861 千克/米^3，同比提高 6.2%；蔬菜水分生产力 7.594 千克/米^3，同比提高 0.24%；棉花水分生产力 0.276 千克/米^3，同比降低 1.18%；油料作物水分生产力 0.644 千克/米^3，同比提高 12.4%；糖料作物水分生产力 13.16 千克/米^3，同比提高 5.03%。

水是生产之要，旱作节水农业技术的推广有效延缓了农业用水和耗水的增加幅度，有力缓解了粮食增产和水资源短缺的矛盾。2020 年农业用水量同比减少 69.9 亿米^3，这是"表观节水量"，而通过"灌溉水有效利用系数"和"水分生产力"的提高而实现的"真实节水量"为 42.07 亿米^3，建议继续加大高效节水农业技术的集成和推广力度，提高水资源利用效率，提升作物水分生产力水平。

附录一　术语定义

降水量：从天空降落到地面的液态或固态（经融化后）水，未经地表蒸发、土壤入渗、径流损失而在地面上积聚的深度，一般用水深毫米来表示，有时也用体积米^{3}来表示。

可再生地表水资源量：河流、湖泊以及冰川等地表水体中可以逐年更新的动态水量，即天然河川径流量，简称地表水资源量。

可再生地下水资源量：地下饱和含水层逐年更新的动态水量，即降水和地表水的渗漏对地下水的补给量，简称地下水资源量。

可再生水资源量：当地降水形成的地表和地下产水总量，即地表径流量与降水和地表水渗漏补给量之和。

部门用水量：指国民经济主要部门在周年中取用的包括输水损失在内的毛水量，又称取水量。主要的用水部门包括：工业、农业、城乡生活、生态环境。

供水量：各种水源为用水户提供的包括输水损失在内的毛水量。

灌溉面积：一个地区当年农、林、果、牧等灌溉面积的总和。总灌溉面积等于耕地、林地、果园、牧草和其他灌溉面积之和。

耕地灌溉面积：灌溉工程或设备已经基本配套，有一定水源，土地比较平整，在一般年景可以正常进行灌溉的农田或耕地灌溉面积。

耕地实际灌溉面积：利用灌溉工程和设施，在耕地灌溉面积中当年实际已进行正常（灌水一次以上）灌溉的耕地面积。在同一亩耕地上，报告期内无论灌水几次，都应按一亩计算，而不应该按灌溉亩次计算。凡是肩挑、人抬、马拉抗旱点种的面积，一律不算实际灌溉面积。耕地实灌面积不应大于耕地灌溉面积。

蓝水：降落在天然水体和河流、通过土壤深层渗漏形成的地下水等可以被人类潜在直接地"抽取"加以利用的水量，即传统意义上的"水资源"的概念，这部分的水量由于是人类肉眼可见的水，所以被称之为"蓝水"。即上述的"地表水资源"、"地下水资源"和"水资源总量"。

绿水：天然降水中直接降落在森林、草地、农田、牧场和其他天然土地覆被上，可以被这些天然和人工生态系统直接利用消耗形成生物量，为人类提供食物和维持生态系统正常功能的水量，由于这部分的水量直接被天然和人工绿色植被以人类肉眼不可见的蒸散形式所消耗，所以被称之为"绿水"。

绿水流：天然降水通过降落到天然和人工生态系统表面被土壤吸收而直接用于天然和人工生态系统的实际蒸散的水量被称为"绿水流"。

绿水库：天然降水进入土壤，除了一部分通过深层渗漏补给地下水外，储存在土壤里可以为天然和人工生态系统继续利用的土壤有效水量被称为"绿水库"。

广义农业水资源（绝对量）：是指农作物生长发育可以潜在利用的耕地有效降水"绿水"资源和耕地灌溉"蓝水"资源的总和。它是一个以体积（亿米^3）为衡量单位的变量。

广义农业水资源（归一化）：是指在农作物生育期内降落在农田上的降水深度与灌溉深度之和。它是一个以水深（毫米）为衡量单位的变量。

广义农业水土资源匹配：是指一个地区单位耕地面积所占有的广义农业水资源量。是评价一个地区耕地所享有的"蓝水"和"绿水"资源禀赋的衡量指标。

水土资源匹配：是指一个地区单位耕地面积所占有的水资源量，是评价一个地区耕地所享有的"蓝水"资源禀赋的衡量指标。

蓝水贡献率：是指在作物生育期形成的生物量和经济产量所消耗的总蒸散量中，由灌溉"蓝水"而来的蒸散量占总蒸散量的百分数，也可称灌溉贡献率。

绿水贡献率：是指在作物生育期形成的生物量和经济产量所消耗的总蒸散量中，由降水入渗形成的有效土壤水分"绿水"而来的蒸散量占总蒸散量的百分数，也可称降水贡献率。

蓝水消耗率（耗水率），是指流域或区域范围内，灌溉"蓝水"被作物以蒸散发的形式消耗的水量与灌溉引水量之比。

绿水消耗率（耗水率），是指流域或区域范围内，降落到耕地上的天然降水被作物以蒸散发的形式消耗的水量与耕地降水量之比。

水分生产力，是指在流域或区域范围内，农业生产总量或总（净）产值除以生产过程中消耗的总蒸散量，单位是千克/米^3。

灌溉农田水分生产力，是指在流域或区域范围内的灌溉农田上，由单位灌溉和降水形成的总耗水所造成的农作物的产量，数值上是用灌溉农田上出产作物的产量除以该农田灌溉和降水耗水的总量，单位是千克/米^3。

旱作雨养农田水分生产力，是指在流域或区域范围内的旱作雨养农田上，由单位降水耗水所形成的农作物产量，数值上是用旱作农田的产量除以该农田上的降水耗水量，单位是千克/米^3。

真实节水量，是指评价实行节水措施的区域所减少的净耗水量（蒸散量）、地表水和地下水无效流失量、农作物增产部分所增加的净耗水量所实现的节水量。

附录二 理论和方法

在世界范围内，农业灌溉水量占全部用水量的 70%左右，这个比例随不同国家的经济发展水平而有所变化；在中国，农业灌溉用水一般占总用水的 60%～70%，这个比例随着不同流域和时间而有所变化；尤其是随着经济的发展，其他部门用水需求和实际用水量不断增加，农业灌溉用水在总用水量中的比重不断减少，但仍然是流域和区域尺度上最大的用水部门，所以，以前提高农业用水效率的研究和讨论，主要集中于提高农业灌溉用水的效率上。但实际上，支撑农作物生产和产量形成的不仅仅是灌溉水，还有降落在农田，被土壤吸纳储存后直接用于作物产量形成的天然降水量，而这部分的水量在传统农业用水和评价中一直处于被忽略的地位。

1994 年瑞典斯德哥尔摩国际水研究所的 Falkenmark 首次提出水资源评价中的"蓝水"和"绿水"概念的区分。传统水资源的概念指的是天然降水在地表形成径流，通过地下水补给进入河道，或者直接降落到河道中的水量，这部分水资源在传统水资源评价中被认为是所有人类可利用的"总的水资源量"。而"蓝水"和"绿水"概念的核心理念就是对这个传统水资源量概念的扩展和修正，尤其是对农作物生产和生态系统维持和保护来说，天然的总降水量才是所有水资源的来源，无论是进入河道、湖泊和内陆天然水体的地表水，通过土壤深层渗漏形成的地下水等可以被人类直接"抽取"利用的"蓝水"资源，还是降落到森林、草地、农田、牧场上直接被天然和人工生态系统利用的"绿水"资源（附图 1）。

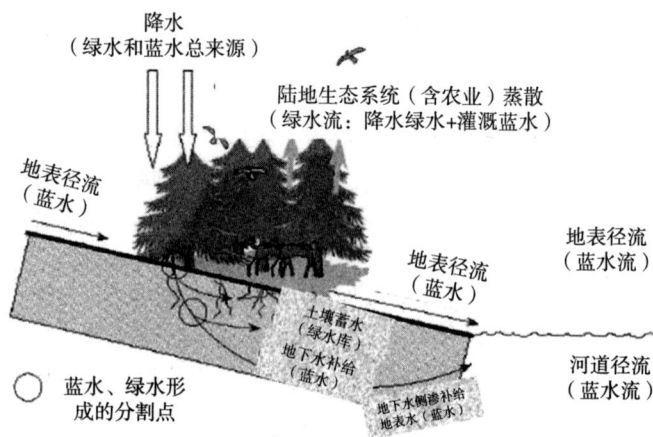

附图 1 "绿水"和"蓝水"概念示意
（根据 Rockstrom，1999）

"蓝水"和"绿水"的核心理念是：降落在天然水体和河流，通过土壤深层渗漏形成的地下水等可以被人类直接地"抽取"加以利用的水量就是"蓝水"，即传统意义上的"水资源"的概念，这部分的水量由于是人类肉眼可见的水，所以被称之为"蓝水"；而天然降水中直接降落在森林、草地、农田、牧场和其他天然土地覆被上的可以被这些天然和人工生态系统直接利用消耗形成生物量，为人类提供食物和维持生态系统正常功能的水量就是"绿水"资源，由于这部分的水量直接被天然和人工绿色植被以人类肉眼不可见的蒸散形式所消耗，所以被称之为"绿水"。在"绿水"资源的概念里，包括"绿水流"和"绿水库"。天然降水通过降落到天然和人工生态系统表面，被土壤吸收而直接用于天然和人工生态系统实际蒸散的水量被称为"绿水流"；而天然降水进入土壤，除了一部分通过深层渗漏补给地下水外，储存在土壤里可以为天然和人工生态系统继续利用的土壤有效水量被称为"绿水库"。从"蓝水"和"绿水"资源的界定可以看出，后者的范围要远远大于前者。

广义农业可用水资源是指农作物生长发育可以潜在利用的耕地有效降水"绿水"资源和耕地灌溉"蓝水"资源的总和。

根据定义，广义农业可用水资源（Broadly － defined Available Water for Agriculture，BAWA）包括两个分量：耕地灌溉"蓝水"和耕地有效降水"绿水"。计算公式如下：

$$Q_{gbw} = Q_{bw} + Q_{gw} \qquad (1)$$

其中，Q_{gbw} 是广义农业可用水资源总量（亿米^3）；Q_{bw} 是耕地灌溉"蓝水"资源量（亿米^3）；Q_{gw} 是耕地有效降水"绿水"资源量（亿米^3）。

其中耕地灌溉"蓝水"资源量的估算方法是：

$$Q_{bw} = Q_{ag} \times p_{ir} \qquad (2)$$

其中，Q_{bw} 是耕地灌溉"蓝水"资源量（亿米^3）；Q_{ag} 是农业总用水量；p_{ir} 是耕地灌溉用水占农业总用水量的百分比（%）。

灌溉"蓝水"数据来源于《中国水资源公报》中报告的农

业用水量和农田灌溉量。农业用水量中不仅包括耕地灌溉量，还包括畜牧业用水量和农村生活用水量等农业其他部门的用水量。根据全国分省多年平均值数据计算，耕地灌溉量一般占农业用水量的 90%～95%。

相比较耕地灌溉"蓝水"资源，耕地有效降水"绿水"资源的估算较为复杂。这主要是因为很难测量和计算降落在耕地上的天然降水。本报告提出了一个简易方法匡算全国耕地的有效降水"绿水"资源量，主要原理如下：天然降水中降落到耕地的部分，除了有一部分形成地表径流补给河道、湖泊等水体外，其余部分则入渗到土壤中。入渗到土壤中的水量，其中一部分渗漏到深层补给地下水体或者侧渗补给地表水体。因此，耕地有效降水"绿水"估算的水平衡方程如下：

$$Q_{gw} = P_{cr} - R_{cr} - D_{cr} \qquad (3)$$

其中，Q_{gw} 是耕地有效降水"绿水"量（亿米^3）；P_{cr} 是耕地降水量（亿米^3）；R_{cr} 是耕地径流量（亿米^3）；D_{cr} 是耕地深层渗漏量（亿米^3）。

该方程又可以称之为耕地有效降水量的估算方程。其中耕地降水的估算方程如下：

$$P_{cr} = P_t \times \frac{A_{cr}}{A_{ld}} \qquad (4)$$

其中，P_t 是降水总量（亿米^3）；A_{cr} 是耕地面积（千公顷）；A_{ld} 是国土面积（千公顷）；A_{cr}/A_{ld} 是耕地面积占国土面积的百分比（%）。

该计算公式蕴含的假设是：假定天然降水均匀地降落在地

表各种类型的土地利用和覆被方式上，包括耕地、林地、草地、荒地等。各种土地利用方式所接受的降水和它们各自占国土面积的百分比相当。耕地接受的降水量应该和耕地占国土面积的百分比相当。

在估算耕地径流量 R_{cr} 时，需要做如下假定。首先，假定耕地径流量和降水量的比例，即耕地径流系数，和水资源公报中报告的地表水资源量和降水量的比例相同。其次，在我国主要粮食主产区东北、华北和长江中下游平原，耕地相对平整，耕地径流基本上可以忽略不计。而在我国的丘陵地区，径流系数较大，需要计算耕地径流。

$$R_{cr} = P_{cr} \times \frac{IRWR_{surf}}{P_t} \qquad (5)$$

其中，P_{cr} 是耕地降水量（亿米³）；$IRWR_{surf}$ 是水资源公报报告的地表水资源量（亿米³）；P_t 是水资源公报报告的总降水量（亿米³）。

耕地深层渗漏量 D_{cr} 的估算是采用分布式水文模型进行计算。

$$D_{cr} = P_{cr} \times \frac{d_{cr}}{p_{cr}} \qquad (6)$$

其中，d_{cr} 是水文模型计算的区域耕地深层渗漏量（亿米³）；p_{cr} 是水文模型计算的区域降水量（亿米³）。

具体的计算原理和过程，以及结果的验证见相关文献。

水土资源匹配是指单位耕地面积所享有的水资源量。但是，传统的水土资源匹配计算时的水资源量是指"蓝水"资源。这个指标的缺点是：用总的"蓝水"资源，即水资源公报中所报告的水资源总量和耕地面积匹配，而这部分水资源中只有其中一部分可以被农业利用。为了更确切地定量分析农业可以潜在利用的水量和耕地数量的匹配，本报告从广义农业可用水资源出发计算了广义农业水土资源匹配，计算公式如下：

$$D_{match} = \frac{Q_{gbw}}{A_{cr}} \qquad (7)$$

其中，D_{match} 是广义农业水土资源匹配（米³/公顷）；Q_{gbw} 是广义农业可用水资源量（亿米³）；A_{cr} 是耕地面积（千公顷）。

粮食生产耗水量是指粮食作物经济产量形成过程中消耗的实际蒸散量。水分生产力是指粮食作物单位耗水量（实际蒸散量）所形成的经济产量。

$$CWP_{bs} = \frac{Y_c}{ET_a} \qquad (8)$$

其中，CWP_{bs} 是省域作物水分生产力（千克/米³）；Y_c 是省域粮食作物产量（千克）；ET_a 是省域粮食作物产量形成过程中的耗水量，即实际蒸散量（米³）。

与"广义农业可用水资源"概念相对应的还有下述主要概念：

"蓝水"消耗率（耗水率），是指在流域或区域范围内，灌溉"蓝水"被作物以蒸散发的形式消耗的水量与灌溉取水量之比。

"绿水"消耗率（耗水率），是指在流域或区域范围内，降落到耕地上的天然降水被作物以蒸散发的形式消耗的水量与耕地降水量之比。

"蓝水"贡献率,是指在流域或区域范围内,农业生产(种植、畜牧、水产)中消耗的总蒸散量中来源于"蓝水"的部分与总蒸散量之比。

"绿水"贡献率,是指在流域或区域范围内,农业生产(种植、畜牧、水产)中消耗的总蒸散量中来源于"绿水"的部分与总蒸散量之比。

灌溉农田水分生产力,是指在流域或区域范围内,灌溉农田上形成的农作物产量除以灌溉农田上灌溉耗水和降水耗水之和,单位是千克/米^3。在本报告中简称灌溉生产力。

旱作农田水分生产力,是指在流域或区域范围内,旱作农田上形成的农作物产量除以旱作农田上降水的耗水量,单位是千克/米^3。在本报告中简称旱作生产力。

农业用水报告相关计算流程:

本报告计算流程主要分为3个阶段。

第一阶段是数据收集和整理以及研究方案确定。第二阶段是进行国家和区域尺度农田"蓝水"和"绿水"特征及作物水分生产力评价方法的完善,具体包括:基于流域的水文—作物建模计算(SWAT)和结果验证。第三阶段是总结集成分析计算结果,完成《年度农业用水报告》的撰写。

首先,利用全国数字高程模型(DEM)、全国土地利用和覆被空间数据、全国土壤空间和属性数据、全国气象数据,在水文和作物模型SWAT中进行水文基本模拟、校验和验证,然后结合全国农作区划数据、全国农作物监测站点数据、全国灌溉站点监测数据，分流域、分省域对全国农作物生长和耗水进行计算，在模型率定和结果校验后得到分省分作物生长季的实际蒸散耗水量和产量，同时得到农作物生长季的水平衡各项。其次，利用《中国水资源公报》中各省亩均灌溉定额以及分省有效灌溉面积，计算分省灌溉量，然后与分省水资源公报中的灌溉量进行比对验证，之后得到分省灌溉"蓝水"量，再根据水资源公报中报告的灌溉耗水率得到实际消耗的灌溉"蓝水"量。最后，结合水文模型计算流域和省域"绿水"耗水量，得到各省和全国的"蓝水"和"绿水"消耗总量，并结合作物产量，得到分省作物生产中"蓝水"和"绿水"的贡献率、消耗率、作物水分生产力。

图书在版编目（CIP）数据

2020 年中国农业用水报告 / 全国农业技术推广服务中心，中国农业大学土地科学与技术学院，农业农村部耕地保育（华北）重点实验室编著． -- 北京：中国农业出版社，2024．10

ISBN 978-7-109-32000-0

Ⅰ.①2… Ⅱ.①全… ②中… ③农… Ⅲ.①农田水利－研究报告－中国－2020 Ⅳ.①S279.2

中国国家版本馆 CIP 数据核字（2024）第 103835 号

2020 年中国农业用水报告
2020NIAN ZHONGGUO NONGYE YONGSHUI BAOGAO

中国农业出版社出版
地址：北京市朝阳区麦子店街 18 号楼
邮编：100125
策划编辑：贺志清
责任编辑：史佳丽　贺志清
版式设计：王　晨　　责任校对：张雯婷
印刷：中农印务有限公司
版次：2024 年 10 月第 1 版
印次：2024 年 10 月北京第 1 次印刷
发行：新华书店北京发行所
开本：850mm×960mm　1/32
印张：2
字数：42 千字
定价：50.00 元